Carlos Antonio
Canache Ramírez
La vacuna espiritual
contra el cáncer
Windmills Edition
California - USA

La vacuna espiritual contra el cáncer
Autor: Carlos Antonio Canache Ramírez
Writing: 2009
Edition Copyright 2012:
Carlos Antonio Canache Ramírez
Dirección General y Diseño de Portada:
Cesar Leo Marcus
Windmills International Editions, Inc.
www.windmillsedition.com
windmills@clmarcus.com

ISBN 978- 1-105-44363-3

La vacuna espiritual contra el cáncer

Carlos Antonio Canache Ramírez

Windmills International Editions, Inc.
California - USA – 2012

Carlos Antonio Canache Ramírez

Nacido en Barcelona, estado Anzoátegui, noviembre 1948, Venezuela Ingeniero Electricista, graduado en la Universidad Central de Venezuela, ex Profesor UCV 1974 1978, ex Planificador de Electricidad de Caracas 1973, 1982 y Jubilado de PDVSA 1982 2009.

Esta publicación tiene un objetivo superior al manifestado, lograr la Paz en el Planeta, ignoramos nuestra realidad y aun así queremos explicaciones de las cosas más sencillas.

Agradecimiento

El primer cambio que me sucedió al controlar la respiración, esta relacionado a mi necesidad de ser entendido como preparador de análisis matemático, bajar mi velocidad al hablar como oriental en el año 1969, por ello agradezco a todos mis alumnos de las practicas de análisis matemático de 1969 a 1973, en la Universidad Central de Venezuela.

A mis alumnos de Bachillerado en el Liceo San Luis, Caracas, de Física cuarto año, 1973, donde tuve la necesidad de simplificar los procesos para lograr motivar a esos jóvenes que me veían como un igual.

A mis alumnos que aprobaron Análisis Matemático I en 1974 y se inscribieron en mi curso de Análisis Matemático III en 1975, fue una gran alegría interna y un gesto hermoso de su parte, en especial a Cesar Chacón y Francisco Corredor con quienes tengo contacto.

A mi compañero de tesis de grado Vicente López Pérez- Pérez, a su madre y a su padre quienes de alguna manera me adoptaron como un hijo en mi paso de estudiante universitario en la ciudad de Caracas, con quien he compartido estas cosas, que para algunos son eventos extraños difíciles de tratar.

A mis amigos David Paravissini, Andrés Aguilar, Jesús Salazar, Julio Berti, Victoria Sonderblohm y William Portes con quienes he compartido con alegría estas cosas extrañas de la vida, los dos primeros son ateos, los demás son creyentes con puntos de vistas distintos frente la existencia de Dios.

A mis difuntos quienes padecieron de tan terrible enfermedad; mi Padre, quien se molesto conmigo por haberme reservado la información de su enfermedad cumpliendo un acuerdo entre mi madre y mis hermanos mayores, a mi hermana, quien necesitaba alejarse de nosotros para continuar viviendo, le fue imposible, a mi tía Andriana quien era una hermana mas y a mi tío Víctor quien se fue este en su marcharse con el Señor, ellos ha sido los principales motores para darle una solución sencilla a este mal de la humanidad.

A mis hijos, mi madre y a mi esposa quien ha sido mi complemento en este andar por estos caminos de Dios y tienen que soportarme diariamente.

A mi gran amor de mis amores mi Abuela Carmen Elisa Ramírez, baluarte junto a mi padre Antonio Canache del ser quien soy y seré, gracias por estar siempre presentes en mi vida

Resumen

El concepto de esta publicación, es presentarle a la humanidad una herramienta sencilla y practica, denominada, la vacuna espiritual contra el cáncer, es un ejercicio respiratoria que tiene como resultado en el tiempo, transformar su respiración habitual en la respiración de un bebe, esta le permitirá aumentar su capacidad torácica y por ende su nivel oxigenación de su organismo, defendiéndole de ese temible mal llamado cáncer, quien tiene la particularidad de vivir en una medio anaeróbico(sin oxigeno). Teniendo presente que el éxito de las personas que ha superado esta enfermedad, se soporta en un ataque temprano y al cambia del modelo de vida.

Comprendiendo la necesidad obvia de una solución temprana para el enfermo de cáncer, resalto, lo planteado es una herramienta preventiva, ayuda solo a mejorar su nivel de vida, para lograr éxito para el enfermo de cáncer debemos entrar en el mundo espiritual para tocar las vestiduras del Señor, donde todas las puertas se abren.

Prólogos

Dentro de los términos que forman un conocimiento letrado esta el mundo interno de este hermano, Electrificado o con sabiduría. Soñador en sus pasos por caminos polvorientos. Narra pasos de su vida para identificar, el tiempo de un pasado.

Licenciado Jesús Salazar

La intención de Carlos Canache en su sencillo libro es bien osada, es cambiar ¡nada más y nada menos la orientación del enfoque de nuestra existencia como seres humanos!. Bueno, es parte de su forma de ser la osadía y la imprevisibilidad. Es probable que muchos colegas estén esperando un libro sobre la historia del Sistema Eléctrico Nacional.

Ahora bien, caben varias preguntas que me atrevo a responder con base en las valiosas experiencias y aprendizajes que surgen cuando tienes la bendición de entrar en contacto con una persona como él, quien a través de algo tan sencillo como la respiración te lleva magistralmente de la mano a un mundo mágico, del cual sales transformado en otro ser muy distinto al que antes eras y te sorprende la súbita, espontánea y creciente felicidad que surge dentro de ti con solo respirar siete veces siete todas las veces que puedas.

Las preguntas son las siguientes:

¿Por qué o para qué debo cambiar la orientación del enfoque de tu vida?

Primero una breve explicación.

Tu ser espiritual es infinito: lo atraviesa todo y ocupa todo el universo.

Tu ser espiritual es eterno: sin principio y sin fin. A través de él te conectas con Dios. "El ser espiritual ubicado dentro de cada uno de nosotros, nos permite ser felices con las cosas que hacemos durante nuestra vida".

Tu ser mental y físico es finito y ocupa parte del espacio. Tu ser mental y físico tiene principio y fin. El ser físico es el que te permite en este planeta satisfacer tus necesidades como ser vivo y del cual obtienes cinco placeres a través de los sentidos: Vista, Oído, Tacto, Gusto y Olfato, durante el manejo de los cuatro elementos: Agua, Aire, Tierra y Fuego.

Hay un camino ancho donde la mayoría de las personas tendemos a identificarnos e identificar a los demás seres humanos con su cuerpo físico-mental y en especial con la aprehensión y acumulación de bienes durante la vida terrenal. Frases típicas: El tiene real, es un renombrado médico, ingeniero o abogado, tiene tres casas: En las Bahamas, en las Islas Fidji y en Cantaura.

Hay un camino estrecho donde muy pocas personas tendemos a identificarnos y mucho menos identificar a los demás seres humanos con su cuerpo espiritual y generalmente confundimos la espiritualidad con la religiosidad. Frases típicas: Es especial, ayudó a fulano, a zutano y perencejo y nadie se enteró. Provoca estar a su lado. Irradia paz y alegría.

Mientras mas practicamos la respiración de siete segmentos, cada vez que lo hacemos se produce automáticamente un vacío en nuestra mente, ese vacío nos desconecta del mundo físico-mental y nos conecta con el mundo espiritual, donde todo es posible y se genera la magia de la relajación, la sanación, la salud de nuestro cuerpo físico-mental.

Los medios de comunicación masivos y los ídolos con pies de barro nos inducen a seleccionar el camino ancho. Los maestros y discípulos de nuestro Señor nos inducen y hasta nos ayudan a tomar el camino estrecho. Nuestro Señor Jesucristo lo dijo en pocas palabras: "Ancho es el camino que lleva a la Perdición y Estrecho el que lleva a la vida eterna". ¿La perdición de qué? Respuesta: De la espiritualidad y, en consecuencia, la pérdida de la felicidad.

Ingeniero Electricista Victoria Sonderblohm Grunzig

Respiración del Bebé

Hace unos cuarenta años comprendí la importancia de la respiración en nuestro procesos mentales de nuestra vida, ante esta situación desarrolle el habito de utilizar la respiración como elemento regulador, si necesitaba realizar procesos donde la lógica era necesaria, mantenía mi respiración habitual la pectoral, cuando la creatividad era necesaria para la formación de escenarios de planificación, visualización de algún proyecto particular realizaba la respiración abdominal, ambas muy fácil de realizar.

Las respiraciones mencionadas son cíclicas, distintas a la respiración normal del bebé, esta tienes cambios aleatorios los cuales son normales antes los cambios que se registran en nuestro entorno.

Por algún tiempo trate de imitar la respiración de mi hijo menor cuando este era un bebe de tres meses, esta respiración es una combinación de las respiración superficial, pectoral y abdominal, estas ultimas muy fácil de realizar.

Cuando regulamos la respiración nuestro cuerpo cambia la frecuencia de su campo magnético, esto implican cambio en el sistema celular, como es la tensión eléctrica de las células y de esta manera cambia la bioquímica celular, es imposible realizar un proceso de meditación o emigrar a los llamados estados alfa o beta sin modificar nuestra respiración.

Cuando alguien tiene un problema de salud, por ejemplo sufre un desmayo, la primera reacción de las personas de su entorno es darle espacio para que pueda respirar libremente y la invitación es a que modifique su ritmo respiratorio, le expresión es "respira profundo y lento".

Es peligroso realizar continuamente respiración profunda y lenta, por cuanto nos oxigenamos de tal manera, que puede suceder una combustión, los casos son raros pero existen.

Casi Gratis

Nuestro sistema de vida, nos ha llevado a la conclusión, nada es gratis, en absoluto. A tal punto de converger al concepto todo tiene un precio; la amistad, el amor, la solidaridad, la libertad y la paz, tiene un costo, lamentablemente el precio, es la vida.

Al traducir las actividades de nuestra vida a una cantidad de dinero, muchas cosas se simplifican, por ello nuestra vida se centra en sumar dinero, entre más dinero se alcanza mayor será mi grado de felicidad.

Usted puede dejar de comer dos (2) meses y se ahorra una suma importante de dinero, puede dejar de beber agua un par de días, algo ahorra, pero si deja de respirar unos minutos, solo podrá encontrar la muerte, pues el respirar aire hasta ahora, es absolutamente gratis, por esta razón, poco interés le damos a este evento vital de nuestra vida.

La idea de este articulo, es cambiar la orientación del enfoque de nuestra vida, cambiar el concepto del gasto por el cuanto gano, por las cosas que hago en esta vida.

La vacuna contra el cáncer, es una inversión cuyo valor es menor a 100 dólares, pero los beneficios son cuantiosos, por cuanto disminuirá nuestros gastos en medicina, además de ayudarnos a ser ciudadanos distintos de este hermoso lugar llamado planeta Tierra.

Este libro posiblemente, lo sorprenda, pero es el ultimo recurso con el que cuento para implementar una idea, sencilla y que mejorara su vida, de tal forma que al final posiblemente usted se convierta en un ser rico, como es obvio, el cambio del enfoque me permita también cambiar, al final todos ganamos con esta publicación.

El cáncer es un subproducto de nuestro:

Mal vivir, centramos nuestras vidas en lo que gastamos dejando de lado el enriquecer de nuestro ser con el hacer de las obras agradables al señor

Mal comer, el dulce en la tarde con su respectivo café, cenar con una Pizza o un pasticho, o una suculenta pasta de vongolé, desayunar con una lata de atún y pan rebanado untado con margarina

Mal respirar, respirar sin querer respirar para evitar ver el hambre de otro mientras, como una torta de chocolate acompañado con un helado de ron con pasa, caminar viendo el horizonte evitando contestar con una sonrisa con un hola, o unas buenas tardes

Si partes de la valorización del hacer, como un acto de ganar ganar siempre, el enfoque es distinto;

Cuando das las buenas tardes con una sonrisa, sin importar la indiferencia del silencio o una mala mirada, cuando es recíproca la alegría se multiplica

Cuando ayudas a alguien sin esperar nada a cambio y recibes una sonrisa llena de gracias con la frescura de sentirse liberado del dolor, toda tu esencia brindad de felicidad

Cuando dejas de comer para compartir con otro coma, disfrutas el placer de haberte comido el mejor manjar del planeta

Una vacuna sin dolor

Cuando era un niño de visita con el dentista, sentado cómodamente mirando al odontólogo, me sorprendió su sonrisa, la cual dibujaba una travesura para distraerme del evento, su mirada lo traicionaba, la cual enfocaba a la inyectadora que derramaba la anestesia, la aguja fue un motor de 8 cilindros, pues me baje de la silla pasando entre sus piernas a veloz carrera, la cual pare cuando llegue a mi casa, por el susto.

Le explicaba a mi madre el tamaño de la aguja, esta sin oírme, me tomo del brazo y me llevo de regreso al referido sillón de tortura, son muchas las personas que confiesan su temor a la silla del odontólogo, para neutralizarlo me case con una especialista en endodoncia.

Comprenderán si debo diseñar algo para evitar un mal como esta enfermedad denominada cáncer, debe ser mediante una herramienta que este bien alejada del dolor corporal.

Lamentablemente todo proceso de transformación involucra un hecho de dolor, este es el verdadero motor que impulsa los cambios en nuestra vida, escribí un articulo para mis amigos en 1997, denominado "transformación sin dolor", poca efectividad hubo al respecto.

La idea de este articulo, es hacerlo molestar, generar un escenario de incertidumbre, antes de explicar cual es la vacuna contra el cáncer, si quiero que sienta ese sentimiento de estafa.

En general, muchas personas se ríen por lo sencillo, sin haber hecho el intento o si tienen dificultad en realizarlo, se cansan rápidamente, la clave es la fe y el empeño de tener éxito.

Le pido en este momento, realice un diagnostico de su respiración, cuando toma aire y lo expulsa que parte de su cuerpo se mueve, ahora realice una respiración profunda y expulse el aire lentamente por la nariz.

Se siente diferente, continuemos con el artículo mencionado;

Transformación sin dolor

El articulo siguiente lo escribí en diciembre de 1997, como parte de una serie de publicaciones que cada año le entregaba como un regalo de fin de año a mis compañeros de trabajo, el espacio debería ser de una pagina. Lo incluyo en esta publicación, como un elemento motivador al cambio, cualquier cosa que nos ocurre es de nuestra completa responsabilidad, tenemos el deber de desarrollar herramientas que nos permitan adaptarnos a las variables de nuestro entorno para salir airoso, lo mas importante de este articulo es que tenemos la necesidad de identificarnos con nuestro esencia y saber cual es el camino que debemos de trazar para vivir en armonía con el Universo

Los cambios constantes en el Universo, en particular de nuestro Planeta, y la naturaleza del ser humano generan en él la necesidad de transformarse "crecer en positivo". En general, los cambios, sin visión para vencer las contradicciones del individuo por El Poder, El Reino y La Gloria, están acompañados con dolor, excepto cuando se cuenta con un líder, hay alegría.

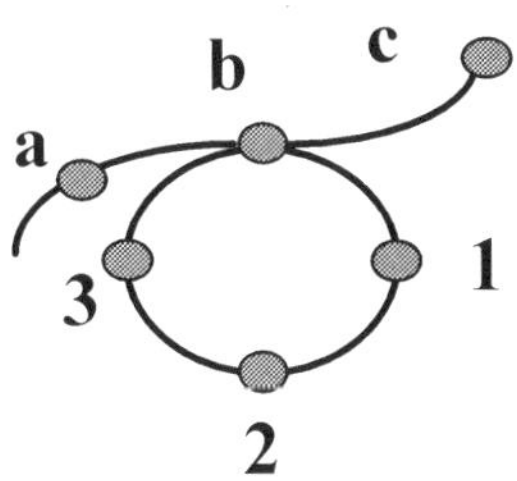

Transformación

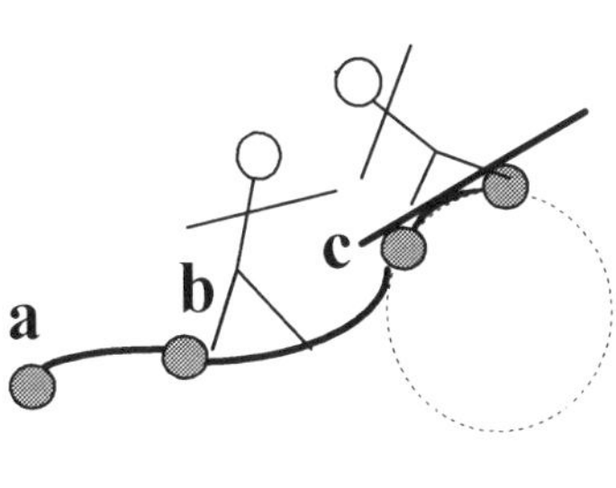

Principio de la ola

Para lograr la transformación sin dolor se requiere conocer; donde estoy (control), que tengo (fuerza) y que deseo (visión.). Esto define lo que soy (Líder; fuerza, control y visión).

El Control

La variable de control es función de la contradicción vigente en el individuo:

1.- Contradicción Hombre/ Animal, Poder, los individuos se comparan con variables tangibles y contables; tamaño, color, etc., la alianza Guerra y el valor de la vida el Dinero.

2.- Contradicción Hombre/ Mujer, Reino, la comparación es con variables tangibles no contable; arte, religión, sociedad, etc., la alianza matrimonio y el valor de la vida la confianza.

3.- Contradicción Hombre/ Dios, La Gloria, la comparación es intangible; amistad, felicidad, solidaridad, hermandad, creatividad, etc., la alianza Paz y el valor de la vida la crcatividad.

La Fuerza

El motor o la fuerza para el logro de los objetivos del arte del individuo, o como esté logra el alimento:

No - Hombre. Señor del Poder, la mentira es parte de su naturaleza. Induce la división entre los hombres. Fruto destrucción, guerra, muerte, etc... Herramienta; promueve la división (÷) entre las personas en su entorno de dominio.

El Guerrero. Protector del Poder, utiliza la mentira para defender su posición. Induce la competencia y la descalificación entre los hombres. Fruto orden, reto, rencor, odio, etc.. Herramienta; resalta o utiliza las debilidades (–) de las personas para mantener su posicionamiento en la estructura de su organización.

El Cazador. Critico del Poder, miente en protección de sus principios. Induce la formación de equipo. Fruto confianza, seguridad, esperanza, etc. Calidad total. Herramienta; realiza la comparación (>) de las personas para generar confianza

El Pescador. Motivador al cambio, miente en defensa de su vida. Induce la igualdad entre los hombres. Fruto solidaridad, alegría, hermandad, etc... Ganar - ganar. Herramienta trata por igual (=) a las personas de su entorno para lograr identidad

Libre. Es un integrador, esta consciente que la mentira compromete su libertad. Fruto armonía, paz, felicidad, comprensión, etc.. Humanidad. Herramienta; evita la confrontación consciente en considerando los aportes de las personas son valiosos al sumarlos (+) en el logro del éxito.

Santo. El transformador. La verdad es parte de su naturaleza. Fruto amor, belleza, etc...Herramienta promueve la sencillez, lo simple para multiplicar (X) la unidad en el logro del éxito en la vida

La visión

La visión es función del deseo del individuo para la Humanidad; La visión esta en tu interior, inhala aire profundamente, siente llenar tus pulmones, exhálalo lentamente, imagínate abrazado con tu nieto, tranquilo, repite la respiración anterior, piensa en la frase “te dejo por herencia este planeta destruido por contaminación, violencia, corrupción, etc.”. Inhala aire profundamente, cierra los ojos, exhálalo lentamente, que sientes; miedo, nada, alegría, etc., esa es la herencia. Reflexiona, hoy, la confianza, la paz y la prosperidad entre los hombres de nuestros País, esta en tu voluntad de ser líder.

El cáncer un evento del pasado de nuestra sociedad

La respiración del bebé permite al individuo operar bajo sus condiciones optimas de diseños, todo su cuerpo esta sano, la energía fluye por el individuo en forma natural evitándose las acumulaciones de toxinas en su cuerpo, su régimen de tensión eléctrica celular es el apropiado, la frecuencia de la energía de su cuerpo opera en armonía con el Universo, estas condiciones bloquean cualquier posibilidad de células cancerosas, liberando en forma preventiva a la humanidad de este terrible mal.

El cáncer es por ahora una enfermedad incurable, una vez nos contaminamos con el germen estará presente por el resto de nuestra vida, eso es algo que debemos aceptarlo, pienso que se abren ventanas para curarlo, espero tener la oportunidad de trabajar en este próximo éxito de la humanidad.

La naturaleza del cáncer es una condición interna de sobrevivencia celular, el ADN de nuestra célula muta para sobrevivir en un ambiente cargado de azucares y de poca disponibilidad de oxigeno, tanto que las nuevas células generadas viven en un ambiente sin oxigeno, esta información es transmitida a nivel celular y donde las condiciones son propicias para crecer se genera el llamado tumor canceroso.

El cáncer puede producirse por eventos internos asociado al ritmo de vida de la persona o por condiciones externas donde vive, donde trabaja o donde descansa.

Las condiciones externas responsables de ciertos canceres, son de origen eléctrico; redes eléctricas de alta tensión, corrientes de aguas o puntos particulares del campo magnético de la tierra. El oxigeno en el cuerpo es afectado por los campos magnéticos creando condiciones anormales en el ser humano, tanto que las norma prohíben estar presente en un campo mayor de 100 gauss por mas de 15 minutos. Para evitar este tipo de cáncer, lo mejor es evitar lugares donde se presenten estas condiciones.

La vacuna tiene un límite

Es natural estar motivados a ayudar a alguien que padecer de este mal, mas si es un familiar o un amigo cercano, lamentablemente la vacuna poco puede hacer para solventar la situación de una persona con cáncer.

Si el cáncer fue operado a tiempo, la vacuna lo ayudara a alarga su oportunidad de vida, disminuyendo la probabilidad que se generen las condiciones anormales, lamentablemente cuando alguien se siente bien regresa a sus antiguos vicios y pierde la rutina de los ejercicios, condición solo valida para una persona sana.

El cáncer es una energía que vibra a nivel celular en todo el cuerpo, esperando se den las condiciones para crear el tumor, la clave es descubrir su frecuencia operativa para neutralizarla o aceptar que debemos cambiar nuestro modelo de vida drásticamente para darnos la oportunidad de vivir con alegría y armonía con el Universo, allí el ejercicio ayudara para aumentar esta fortaleza.

La vacuna le da un halo de protección con limitaciones; ante las drogas, la contaminación, la delincuencia, la violencia, la guerra. Ella es una herramienta para la vida con alegría, la paz y el amor, allí encuentra su fortaleza.

Lo acelerado de nuestras vidas nos acondiciona a sentirnos siempre bien, y dejamos a un lado cosas tan importantes como hacer una pequeña rutina de ejercicios, independiente cuan vital sea, si se deja de realizar el ejercicio se pierde la magia, ese es el dolor asociado a esta vacuna.

Si usted hace los ejercicios diariamente será un individuo más feliz por su nivel creativo y estado anímico incrementado en alegría, en mi caso particular abandone el consumo de pastilla complejo B hacen 10 años, al desaparecer los dolores frecuentes del cuello, tengo espolones en la cervical.

La vacuna contra el cáncer

La vacuna contra el cáncer es un ejercicio, de respiración, el cual debe realizarlo al acostarse y al levantarse todos los días, si se le olvida un día, una semana, hasta un mes y usted ha logrado el dominio correspondiente, poco importa, el hecho es que evite dejarlo fuera de su vida, recuerde que compro este libro, para lograr una vacuna contra una enfermedad de elevado éxito y los traumas asociados son terribles, son pocos los que se ha salvado, porque otra enfermedad ocupa su lugar.

Aun cuando la posición deja de tener importancia, para realizar este ejercicio, es recomendable evitar hacerlo manejando, pues puede tener un accidente, va a lograr aumentar la oxigenación del cerebro y la capacidad pulmonar, esto genera en general un cambio de su proceso mental. En algunas personas se presenta una tos seca, lo cual es una señal de debilidad respiratoria, por el cigarrillo, contaminación, etc.

En una posición cómoda en un sillón, una cama o una hamaca; Tomar aire por la nariz en forma corta tipo impulso siete veces seguidas sin botar aire, cuando tome el aire por la nariz note que su lengua sube para evitar la salida de aire, la ultima toma debe ser profunda, luego expulsa el aire suavemente por la boca, esta actividad debe repetirla siete veces. Es recomendable al principio tomar aire turnándose las fosas nasales, para así lograr que los dos canales de respiración estén abiertos, una vez

dominado el ejercicio puede hacerlo como usted considere más sencillo y práctico, lo importante es disfrutarla.

Al principio es difícil, se pierde la cuenta, recomiendo utilizar las manos para contar la serie, el hecho de llevar dos cuentas, le va producir confusión, además por el ejercicio existe una alta posibilidad que su estado mental cambie.

Aún cuando el ejercicio es sencillo, algunas personas necesitan una semana para lograr realizarlo adecuadamente. Si por alguna razón necesita interrumpir el ejercicio, debe repetirlo, comenzando desde el principio.

Para examinar si lo esta haciendo bien, debe realizar una prueba, contando cuantas tomas de aire tipo impulso logra, sin necesidad de botar aire, esta deben ser superiores a catorce (14).

Efectos colaterales

El objetivo de la vacuna es lograr mediante la practica del ejercicio señalado que las personas recuperen el ritmo de respiración de un bebé.

Respirar como un bebé tiene sus consecuencias, la primera es sentirse mas joven, con mayor dinamismo para las condiciones de la vida moderna disminuyendo la velocidad de envejecimiento.

En algunas mujeres desaparecen los dolores menstruales, nuestra adaptación es tan asombrosa que poca importancia, se le da a este hecho.

La actividad sexual para los seres de la tercera edad mejora, este hecho tiene sus peligros, por cuanto esta recuperación puede motivar abrir otros frentes, ocasionando erosión en la relación de pareja, por ello es conveniente realizar los ejercicios en pareja.

Algunos dolores de cabezas rutinarios desaparecen o disminuyen; jaquecas y migrañas, se necesitaría un estudio de seguimiento para indicar cifras con éxito, hubo un 100 % de resultados positivos en un grupo de compañero de trabajo, me encantaría tener retroalimentación de esta evidencias.

Lo sorprenderán algunos efectos, difíciles de indicar por este medio, nuestro mundo es de infinitas oportunidades, usted abre esta ventana con este esquema de respiración, por cuanto trabajara normalmente con sus dos hemisferios cerebrales, esto implica disminución del stress.

El ser humano tiene un gran temor por su seguridad, las condiciones de los desequilibrios de la sociedad generan condiciones de violencia, en sitios donde uno menos se lo espera le estallan a uno en la cara, vivimos bajo una condición extrema de tensión, bien ese temor va disminuyendo con el tiempo, por arte de la magia divina usted repele la violencia.

En 1995, en la Avenida Francisco de Miranda, caminaba en la acera norte hacia Los Dos Caminos, observe a un personaje se le tiraba a la gente que venia de frente asustándolos, modifique la respiración, el personaje se alejo viéndome en forma extraña, lo mire y dejo de asustar a las demás personas.

La garantía de la vacuna

El mejor modelo físico para simular el ser humano es una cuerda infinita, para que la melodía sea divina se necesita estar templada en su justo tono, nuestra cuerda es de plasma y sostiene dos globos giratorios, cuyos movimientos son contrarios, uno representa lo terrenal y el otro lo divino, este ultimo por lo general abandonado por nuestros procesos racionales, generando un desequilibrio, lo cual genera las condiciones propicias para ser invadidos por enfermedades, lo ideal es actuar desde lo divino en armonía con nuestro Señor.

La respiración superficial, la cual implica que tomamos poca cantidad de aire de nuestros 6 litros de capacidad, induce al individuo a operar solo con el cerebro reptil profundizando sus necesidades materiales, el ego de un Dios en la Tierra. Los políticos, los delincuentes quienes viven de la mentira siendo prisioneros del Poder de las armas.

La respiración pectoral, siente cuando toma aire su pecho se levanta, induce al individuo a trabajar con el cerebro reptil y el hemisferio cerebral izquierdo donde el conocimiento es la piedra angular de la vida, como herramienta para sobrevivir a la defensiva por una constante agresión, viviendo prisioneros del dinero.

La respiración abdominal, en este caso cuando toma aire su abdomen se hunde, induce a la persona a trabajar con el cerebro reptil y el hemisferio cerebral derecho donde el manejo de las emociones es vital, la confianza o la esperanza puesta en un ser protector es el motor de su vida viviendo prisioneros de su fe.

La respiración del bebé es una combinación de las tres anteriores, dándole mayor uso a su capacidad pulmonar y a su cerebro, abandonamos nuestro mundo material para iniciar los primeros pasos en donde domina lo divino, lo importante es la vida, convirtiéndonos en prisioneros de la alegría de vivir, donde el respeto y la solidaridad son la clave de la convivencia en busca de la paz interna, sin enfermedades que distorsiones el camino a la unidad en Dios.

Lo mas importante de esta realidad es que usted es dueño de sus actos, un ejercicio de menos de cinco (5) minutos puede cambiarle su vida para siempre, nadie lo esta obligando a realizarlo, es una actividad personal, nadie tiene que enterarse si usted realiza este tipo de ejercicio, tampoco se le esta pidiendo su divulgación, solo le puedo confirmar y garantizar que si usted lo hace alargara sus días en este planeta, la paz sea con usted.

En el 2003 me visito una joven bajo la recomendación de mi hija menor, buscando una orientación ante el diagnostico de cáncer en un seno y en el fondo una solución, luego de una charla de una hora sobre respiración, fue duro decirle;"tu mal esta en tu interior y obedece a circunstancias que debes superar individualmente, te recomiendo abandonar la respiración pectoral y sentirte orgullosa de tu hermoso cuerpo de mujer, te ayudara a vivir mejor sin el miedo a morir de cáncer"

Hablemos del cáncer

Hay mensaje en las redes que llaman la atención y la gente tiene derecho a preguntar, **¿y que sabes de cáncer?** Este tipo de pregunta abre un mar de posibilidades;

Es un cuestionamiento, el cual tiene justificación el interlocutor es ingeniero y este tema es de exclusividad de los médicos quienes tienen años acumulados realizando investigación y alguien con poco estudio se atreve a hablar de una vacuna contra el cáncer.

Es tocar una puerta para ver si abren, lo cual se entiende cuando se extiende la conversación; **Conozco un chico de 16 años que padece cáncer hace 4 años se trata con quimios. El viernes lo vi llorando porque sus exámenes salieron positivos.**

Lo tiene en la médula es decir desde los doce pero no es una leucemia de esas que se vive con eso. Me dio mucha tristeza me comento que en el Hospital donde el se ve llegan diario 5 casos de niños con cáncer. Según sus palabras "esta de moda"

Es un caso típico de redes eléctricas, a los niños le da leucemia, ¿vive cerca de una línea? ¿Un transformador de potencia? EL caso de los niños es porque hay gente viviendo debajo de líneas de alta tensión, bueno es necesario trabajar para evitar esta moda.

¿No será por cosas que uno come también?

Tengo entendido que sustancias artificiales persevantes, insecticidas, y esas cosas Ok.

Tengo entendido que también el estrés y como llevas la vida también influyen

Mi enfoque es otro, el cáncer es una mutación de las células para sobre vivir en medios ácidos y carente de oxígenos.

La conversación vía twitter, nace ante la pregunta; **¿Te gusta el yoga?** por el mensaje; "Muy buenos días, tenemos siete glándulas endocrinas, las cuales representan, los siete chacras. Si queremos vía http://fro.gy/1hzgn" en el anexo una nota del 2009".

Me compromete en abrir una ventana para los niños del mundo que padecen de este mal llamado cáncer y abrir un orificio de esperanza con las recomendaciones siguientes, las haría si padeciera de este mal:

1. Mudarse del lugar en donde reside; a veces esto es difícil, en tal caso debe mudarse de habitación ubicarse en el lugar donde se sienta mejor. Nuestro planeta es un gran imán muy irregular por las características de su estructura, existen lugares desfavorables y otros confortables para la vida, además de ellos existen las infraestructuras desarrolladas por la humanidad que modifican el campo magnético del lugar donde reposamos afectando nuestro organismo.

2. Cambiar el habito de alimentación, evitar comer cualquier tipo de carne, el planeta ha sido modificado y muchos animales han perdido sus grados de libertad para vivir y su vida esta llena de sufrimiento y de torturas modificado sus productos, uno de los ejemplos es la leche de vaca, un alérgico natural para los niños y fuente de cáncer, El principal motor del cáncer es el stress, el cual enferma a los animales y modifican el ADN de su cuerpo, luego nosotros desayunamos o cenamos con alimentos enfermos o contagiados de cáncer. Nuestro cuerpo ídem al de los animales es como una cuerda mágica, que sufre por las fuerzas (stress) producto del dolor, el sufrimiento, el desespero por lograr un objetivo, en los animales la libertad, estas fuerzas generan campos eléctricos contrarios al natural, lo cual modifica las condiciones internas negándole oxigeno a las células, creando un patrón de sobrevivencia llamado cáncer, el cual se transmite a todo el cuerpo, el cáncer es como un tono, una música que resuena en nuestra cuerda mágica.

3. Emular a los animales, ningún animal luego de un reposo se para directamente a caminar, primero se estira, entonces debes estirarte al menos cinco minutos antes de levantarte disfruta y date gusto en hacerlo, los animales les encanta las frutas pintonas, por ello cuando el pájaro se come una fruta esta permanece guindando, el ser humano le gusta

madurarla y le retira la concha. Una señora con cáncer se retiro al campo para morir disfrutando las cosas que mas le agradaban y regularmente comenzó a comer su fruta preferida, la naranja, se la comía toda con las partes blancas, como se sentía bien regreso a la ciudad y se realizo un chequeo medico, su cáncer había desaparecido en alguien que ya no tenia solución medica, el milagro de vivir con alegría; canta como los pájaros, mantén el espíritu de la vida latiendo en ti con una sonrisa permanente, por el simple hecho de estar vivo tienes la esperanza de cambiar el mundo, pues lograste cambiar tu conducta de stress a ser un ser feliz por la vida.

4. Ayuna, prepárate para vivir como el oso, comienza con un día y vas incrementando poco a poco, la mejor farmacia del mundo esta en tu cuerpo debes darle la oportunidad para generar las defensas naturales de tu cuerpo para fortalecerte ante un mal tan poderoso como el cáncer, para compensar el ayuno bebe agua, respira profundo cuando te ataque el hambre, busca distraerte con una actividad creativa, pintando, escribiendo, etc.

5. Medita, realiza meditaciones frecuentes, trata de sentir que todo tu cuerpo vibra en sintonía con el universo, como si el espacio, los planetas estuvieran dentro de tu esencia, siente que eres el universo, escucha la suave melodía del

silencio entonada por los latidos de tu corazón, siente que te baña y se derrama en ti la energía azul de sanación del señor, ella recorre tu cuerpo oscilando en todas las partes de cuerpo en los pies, el cuello, la barriga, etc.

6. Respira realiza el ejercicio planteado en esta publicación, pero adicional vas a realizar uno de purificación, el cual consiste en expulsar el aire de los pulmones por la boca, cuando no puedas mas tranca la respiración por un rato y luego sigue botando aire, hasta que obviamente necesitas tomar aire. Visita el mar deja que la brisa marina te toque, visita la montañas, los llanos, siente que ese espacio infinito te habla y te invita a vivir con alegría.

7. Descansa, acuéstate en suelo si es desnudo mejor, has contacto con la madre tierra como si ella te abrazara siente que eres parte de ella, siente sus vibraciones, cuando visites la playa de un rio o del mar entiérrate en la arena, disfruta eso momentos con ese ser maravilloso que es nuestra gran madre universal, la tierra, deja que nuestro señor Rey te bañe con sus rayos mañaneros, disfruta sus caricias, vitalizan tu cuerpo con su energía maravillosa. Por favor siempre en la mañana hasta las nueve, de seis a nueve son los mejores momentos para disfrutar de las aguas naturales frías o termales, con carácter de sanación.

Comentarios sobre esta publicación

Primer comentario:

Ante el silencio le escribí a un amigo; asumo no te gusto, bien lejos de tus requerimientos poéticos, le colocare flores para cambiar la mirada.

Respuesta; **Eso no es malo pero mi mirada es de Halcón.**

Debas darme una opinión el próximo será un resumen de la Biblia.

Respuesta; **No puedo porque no has perdonado, la palabra de DIOS es perdonar**

Una cosa es perdonar y otra ser cómplice de delincuentes, la justicia, es lenta, en algún momento llega, la sentencia esta dada y no por mi.

Respuesta; **Sigues jugando a Dios.**

Análisis; esta conversación esta fuera del mundo racional, esta asociada al cáncer del Presidente de la Republica Hugo Chávez Frías, la primera; al concepto del uso de la vacuna para las personas tratadas de cáncer, ayuda pero no solventa. La segunda; esta asociada a mi visión del cáncer del Presidente y a una reunión en Cantaura, Municipio Freites del Estado Anzoátegui, Venezuela entre tres personas tratando el tema.

La visión mes de junio 2011; tumor muslo pierna izquierda, en su interior un ser con muchos dientes. Este puede implicar dos cosas, origen animal o agresividad del temor, en otras palabras cáncer agresivo. Luego reunión con el Presidente en Cuba, me abraza y no me deja hablar, me lleva a una habitación donde esta su cuerpo, esta una mujer a su lado y un ser de forma indefinida, entran unas personas y se lo llevan su cuerpo en una camilla, me quedo con el ser, con quien llegue a un acuerdo para que se retirara.

El ser mencionado esta asociado a la muerte y el acuerdo; el Presidente debe abandonar su afán de Poder y parar el culto a su persona, ambas en clara confrontación con Dios.

Confirmo el único responsable de su enfermedad y posible muerte es el propio Presidente de la Republica de Venezuela, esta en él, eliminar el culto a su persona, motor de su mal, si realmente quiere sanar.

Segundo comentario:

Mi querido y apreciado hermano, te anexo esta publicación, un libro que quiero publicar, dedicado a la vida, faltan las dedicatorias y el prologo, te invito a redactar una, gracias de antemano

Respuesta; **Leí las pocas paginas que me llegaron, ahora estoy en Miami**

Son pocas páginas como tomarse un café, le voy añadir 2 más.

Análisis; esta conversación escrita es mas tangible, racionar, se explica por si sola

Tercer comentario:

Carlos, un abrazo. He leído con mucho interés todo lo relacionado con el cáncer que me has enviado. Es muy interesante. Más adelante te haré mis comentarios. Te puedo adelantar que a mi me pusieron 14 pastillas radioactivas de yodo en la próstata y parece que funciona bien, por lo menos en mi caso. No creo que sea el llamado para un prólogo de esta naturaleza, creo que no sería conveniente. Otro abrazo grande

Cuarto comentario:

Hola Carlos, como estás hermano, muy buenas tus notas sobre como prevenir el cáncer. La información es bien clara, las células cancerígenas se desarrollan y crecen en un ambiente sin oxígeno. Te mando a continuación unos escritos sobre el mismo tema que respaldan tus comentarios. Un abrazo, Edgar

¿Sabias que en el año 1931 un científico recibió el premio Nobel por descubrir la CAUSA PRIMARIA del cáncer?

Este fue este señor: Otto Heinrich Warburg (1883-1970).

Premio Nobel 1931 por su tesis "la causa primaria y la prevención del cáncer". Según este científico, el cáncer es la consecuencia de una alimentación anti fisiológica y un estilo de vida anti fisiológico.... ¿Porque?...porque una alimentación anti fisiológica (dieta basada en alimentos acidificantes y sedentarismo), crea en nuestro organismo un entorno de ACIDEZ

La acidez, a su vez EXPULSA el OXIGENO de las células...

El afirmo: "La falta de oxígeno y la acidosis son las dos caras de una misma moneda: cuando usted tiene uno, usted tiene el otro."

"Las substancias ácidas rechazan el oxígeno; en cambio, las substancias alcalinas atraen el oxígeno "

Ósea que en un entorno acido, ..si o si.. es un entorno sin oxigeno, y él afirmaba que "Privar a una célula de 35% de su oxígeno durante 48 horas puede convertirlas en cancerosas."

Según Warburg: "Todas las células normales tienen un requisito absoluto para el oxígeno, pero las células cancerosas pueden vivir sin oxígeno - una regla sin excepción."

Y también: " Los tejidos cancerosos son tejidos ácidos, mientras que los sanos son tejidos alcalinos."

En su obra "El metabolismo de los tumores" Warburg demostró que todas las formas de cáncer se caracterizan por dos condiciones básicas: la acidosis y la hipoxia (falta de oxígeno).

También descubrió que las células cancerosas son anaerobias (no respiran oxígeno) y NO PUEDEN sobrevivir en presencia de altos niveles de oxígeno; En cambio, sobreviven gracias a la GLUCOSA siempre y cuando el entorno este libre de oxigeno...

Por lo tanto, el cáncer no seria nada mas que un mecanismo de defensa que tienen ciertas células del organismo para continuar con vida en un entorno acido y carente de oxigeno...

Resumiendo: Células sanas viven en un entorno alcalino, y oxigenado, lo cual permite su normal funcionamiento. Células cancerosas viven en un ambiente extremadamente acido y carente de oxigeno.

Quinto comentario:

Muchas felicidades hermano. Te escribo desde La Paz, Bolivia, en donde como te dije estoy dictando parte de los módulos de un diplomado en "Estudios Económicos del Alba".

Esto aquí es fascinante, a pesar de no haber tenido tiempo de conocer propiamente nada, lo que he visto me ha impresionado favorablemente.

Me he acordado de ti porque aquí el tema de la respiración es un tema vital. Estamos a 3.600 metros y con 12 % de oxígeno en el aire. Con decirte, dando las clases de pronto se me produce una especie de jadeo que no puedo controlar. No es que me sienta mal pero jadeo como un perro.

Sexto comentario:

Hola. Estuve leyendo un poco, Hay cosas que no entiendo. Jejeje

Bien tienes derecho a preguntar

No se hay cosas raras. Como que en ciertas partes esta disperso. En algunas cosas faltan comas etc. Así como para diferenciar la idea. Ummm. La parte de los comentarios y las conversaciones bien raras. No se sabe quien las hizo.

Eso es típico de mi conducta, hay un cambio de estilo de las letras allí la diferencia, cada sección es independiente puedes leerlo en forma aleatoria.

Esta ranita quiso dar un paseo y acompañarme por un buen rato, ella representa el símbolo de la transformación, en nuestros pueblos americanos

Resumen de la Biblia

Como un adelanto, anexo una grafica, un resumen del concepto de la Biblia, la cual explicare en mi próxima corta publicación.

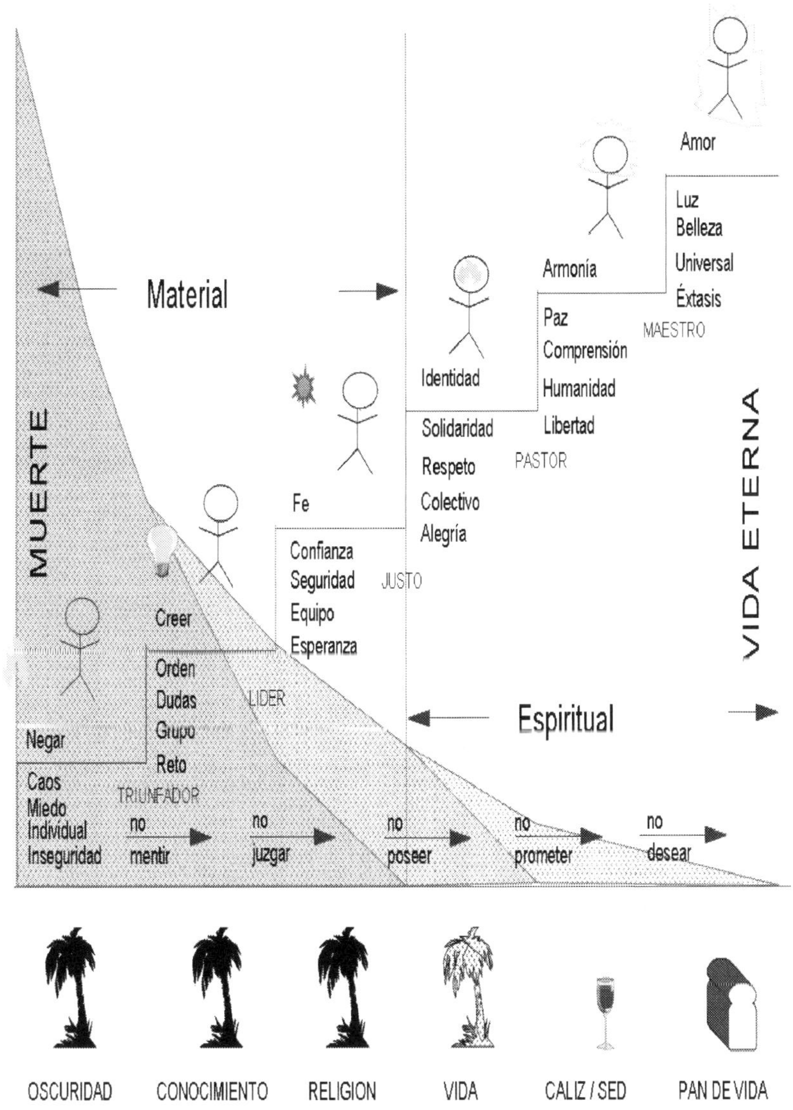

ANEXO

Muy buenos días, tenemos siete glándulas endocrinas, las cuales representan los siete chacras.

Si queremos cambiar la frecuencia de resonancia de un circuito eléctrico, en sencillo si queremos cambiar de radio cambiamos el dial, este es la extensión de un capacitor variable, mueves el dial cambias el capacitor, en el ser humano el cambio lo realiza el sistema endocrino, al cambiar las características del dieléctrico interno, esto implica que tenemos siete diales o bandas para cambiar las características de intercomunicación del ser humano, es compleja la comunicación, pero como siempre hay una manera de ver en forma sencilla esto.

La división, (/); sencillo todas las cosas se dividen, en ser buenas o malas, o estas conmigo o en contra, blanco o negros, escuálidos y no escuálidos, chavistas y no chavistas, en pro de la guerra o en contra, pero como es obvio hay gente que se molesta de esta situación y le desagrada estar en una lista, por miles de razones, así nace otra dimensión y otro mundo los grises y sus tonos, los ni ni.

La resta, (-) ; los extremos dejaron de existir y se inicia el mundo de los tonos, pero para hacerlo mas sencillo se clasifican a los individuos por sus valores negativos, ese tipo es corrupto, por cuanto esta definición carece de tono, solo se le dice a un individuo que bueno, tremendo tipo, honrado el hombre o la mujer, cuando estamos en su velorio, pero que pasa cuando estamos en una sociedad de corruptos o de ladrones, contrabandistas, o terroristas, etc. necesitamos buscar otra manera para identificarnos.

La comparación, (>) ; todo el mundo de alguna manera se parece, los chinos al principio todos son igualitos, así sean japoneses, coreanos, pero cuando conoces a un chino en particular las cosas cambian, tu amigo, es diferente ahora se parece a otra amigo que es venezolano, el chino solo le dicen chino para echarle broma, lo cómico de esto que por ejemplo cuando una mujer se molesta con su compañero, le dice todos los hombres son iguales y ese es el peor insulto, se forma la de San Quintín, un piropo para una abuela, su nieta es igualita a usted.

La igualdad, (=); en realidad aceptamos ser seres individuales infinitamente diferentes, pero somos iguales ante la adversidad, la injusticias, la deshonestidad, la mentira, etc. nace de estas circunstancias el respeto, la solidaridad, la necesidad de compartir un poema, una canción, una idea, etc. y con ello se pare a un amigo, la fraternidad entre los hombres y la necesidad de expandirla en la humanidad.

La suma, (+); entramos en el mundo de las artes, donde los extremos dejan de existir conceptualmente, ni malo ni buenos, no hay bandos, la compresión es la clave, a que hijo quieres mas, una pregunta común, con una sola respuesta a todos por igual, pero siempre hay la compensación por el hijo ausente, cuando vuelve todos suman para llenarlo de alegría en su entorno familiar. Cuando un individuo siempre esta sumando en la sociedad, es por que el es símbolo de paz y armonía, en una sola palabra es un ser libre.

La multiplicación, (*); entramos en el mundo de los infinitos, donde los individuos son como la salina, entre mas sacan parece que hubiese mas, portadores de salud, bienestar, sabiduría, felicidad, son individuos incansables, una mina de cosas y sorpresas, siempre una respuesta asertiva, una solución a tiempo, etc.

Pues bien todos tenemos un poquito de cada signo, lo cual cambia con el clima, por favor eviten utilizar los primeros símbolos

Pásela bien, gracias por existir.

Carlos Canache 28/12/09

La vacuna espiritual contra el cáncer

Carlos Antonio Canache Ramírez

Windmills International Editions, Inc.
California - USA – 2012

Made in the USA
Monee, IL
10 September 2026

62770828R00035